BEI GRIN MACHT SICH IHR WISSEN BEZAHLT

- Wir veröffentlichen Ihre Hausarbeit,
  Bachelor- und Masterarbeit

- Ihr eigenes eBook und Buch -
  weltweit in allen wichtigen Shops

- Verdienen Sie an jedem Verkauf

Jetzt bei www.GRIN.com hochladen
und kostenlos publizieren

Bibliografische Information der Deutschen Nationalbibliothek:

Die Deutsche Bibliothek verzeichnet diese Publikation in der Deutschen National-
bibliografie; detaillierte bibliografische Daten sind im Internet über http://dnb.d-
nb.de/ abrufbar.

Impressum:

Copyright © 2014 GRIN Verlag, Open Publishing GmbH
Druck und Bindung: Books on Demand GmbH, Norderstedt Germany
ISBN: 9783668357815

Dieses Buch bei GRIN:

http://www.grin.com/de/e-book/345675/heimische-pflanzen-als-zutaten-beim-
bierbrauen

Niklas Brauneis

Heimische Pflanzen als Zutaten beim Bierbrauen

GRIN Verlag

Inhaltsverzeichnis

1 Das Bayerische Reinheitsgebot

Am 23. April 1516 wurde von Herzog Wilhelm IV. eine neue Bayerische Landesverord-
nung erlassen, welche sowohl die Preise, als auch die Inhaltsstoffe des Bieres festlegte.
Demzufolge darf bei der Herstellung des Bieres nur Gerste, Hopfen und Wasser verwendet werden. Nicht nur die immer schlechter werdende Qualität des Bieres aufgrund
von steigenden Rohstoffpreisen, sondern auch die Sicherstellung der wertvolleren Getreidesorten, wie z.B. Weizen, für die Brotherstellung waren Gründe für diesen Erlass.
Dieses „Bayerische Reinheitsgebot" ist die älteste - noch heute gültige - Lebensmittelge-
setzgebung der Welt, welche die Beigabe von Konservierungsstoffen, Geschmacksver-
stärkern oder anderen Zusatzstoffen verhindert.
Die Seminararbeit mit dem Thema „Heimische Pflanzen als Zutaten beim Bierbrauen"
wird sich nach weiteren Eckpunkten der Geschichte des Bieres nicht nur mit dem
Brauprozess beschäftigen, sondern wird auch genauer auf die Zutaten, die auf dem
oben genannten „Bayerischen Reinheitsgebot" basieren, eingehen. Hierbei werden die
ausgewählten Pflanzen, die sich gepresst und getrocknet im Herbarium befinden, mit
Hilfe einer Beschreibung sowie der Aufführung verschiedener Arten und des Vorkom-
mens veranschaulicht.

2 Geschichte des Bieres

„Gedichte von Wassertrinkern sind in der Regel schlecht und geraten schnell in
Vergessenheit". Dieses Zitat des römische Dichters Horaz[1] weist nach, dass die Tradi-
tion des Bierbrauens und Biertrinkens im Römischen Reich schon weit verbreitet war.
Doch die Geschichte des Bieres reicht noch weiter in die Vergangenheit, denn das Zu-
fallsprodukt hat seinen Ursprung in der Jungsteinzeit vor über 10000 Jahren.[2]

2.1 Entdeckung des Bieres in der Jungsteinzeit

Zu der Zeit, als der Urmensch begann Ackerbau zu betreiben und sesshaft wurde, ent-
stand vermutlich das erste Bier, welches eher einem flüssigen Brotteig ähnelte. Ein
Mehlbrei aus Getreide und Wasser, welcher damals normalerweise zum Backen von

---

[1] Quintus Horatius Flaccus, römischer Dichter und Satiriker, 65-8 v.Chr.

[2] Vgl. Schwarz, Aljoscha/ Schweppe, Ronald: *Die Bier-Apotheke.* Köln 1998, S. 9f.

Brot verwendet wurde, blieb nämlich mehrere Tage in einer Tonschüssel liegen und vergärte dann aufgrund von zusätzlichem Regenwasser und Hefe aus der Luft.[3]

Die erste Überlieferung von Menschen, die die Braukunst beherrschten und anwendeten, stammt aus der Zeit der Sumerer. Vor ca. 5000 Jahren brauten Sumerer in der Region zwischen Euphrat und Tigris regelmäßig Bier und verwendeten dieses sowohl als berauschendes Getränk, als auch als Heilmittel.[4] Dieses Bier wurde allerdings aufgrund mangelnder „Filtrationsmöglichkeiten"[5] und den daraus folgenden aufgeweichten Brotstücken im Getränk mit Strohalmen getrunken (Abb. 1).

Abb. 1: Tonscherbe mit Gravur: Sumerer beim Biertrinken mit Strohhalmen

2.2 Klosterbrauereien im Mittelalter

Mit der Verbreitung des Christentums entstanden in Europa zahlreiche Klöster, in denen es regelmäßige Fastenzeiten gab. „Liquida non frangunt ieunum"[6], lautete die Ordnungsregel, welche den Mönchen erlaubte, das „flüssige Brot" als nahrhafte und gehaltvolle Nahrungsergänzung zu sich zu nehmen. Aus diesem Grund gehörte das Bierbrauen

---

[3] Vgl. Breibeck, Otto Ernst: *Das fünfte Element der Bayern. Eine unterhaltsame Bierhistorie*. Regensburg 1978, S. 13.

[4] Vgl. Schwarz/ Schweppe (wie Anm. 2), S. 10.

[5] Kling, Klaus: *Bier selbst gebraut*. Göttingen 2002, S. 12.

[6] Ordnungsregel der Mönche. Deutsche Übersetzung: „Flüssigkeiten brechen das Fasten nicht".

nicht mehr zu den Aufgaben der Frauen, sondern wurde kurz vor der Jahrtausendwende zum Handwerk der Klosterbrüder (vgl. Abb. 2).[7] [8]

Es wurde nicht nur der Eigenverbrauch der Mönche gedeckt, sondern auch für den Verkauf gebraut, was das Bier zu einer „gängigen Handelsware"[9] machte. Zum Bierbrauen in Klöstern wurde allerdings das Brau- und Schankrecht benötigt, welches die Mönche gegen gewisse Gebühren erhielten. Außerdem erhoben Landesfürsten Steuern, die ihnen ermöglichten, Geld von den Bierbrauereien außerhalb der Klöster einzutreiben.[10]

Um das Bier haltbarer und würziger zu machen, fügten Mönche während des Brauvorgangs erstmalig Hopfen hinzu. Des Weiteren sorgte die Hopfenzugabe dafür, dass der „Brauprozess wesentlich stabiler"[11] wurde. Dadurch stieg die Qualität des Bieres deutlich an und ähnelte sogar damals schon sehr den heutigen Bieren.[12]

Abb. 2: Älteste Darstellung eines Bierbrauers

2.3 Steigender Bierpreis

Am Beispiel München lässt sich erkennen, wie der Bierpreis nach der „steuerlosen Epoche vor 1516"[13], in der eine Maß Bier zwischen 1 und 2 Pfennig kostete, ständig anstieg. Während 1673 der Preis für ein Bier bei ungefähr 10 Pfennig lag, zahlte man im Jahre 1750 schon ca. 12 Pfennig (= 3 Kreuzer), was dem Gehalt eines Tagelöhners

---

[7] Vgl. Schwarz/ Schweppe (wie Anm. 2), S. 15.

[8] Vgl. Jarczok, Reinhard: *Klassische Biere. Der kleine Bierführer.* Renningen 2010, S. 9f.

[9] Ebd., S. 9.

[10] Vgl. Kling (wie Anm. 5), S. 14f.

[11] Ebd., S. 15.

[12] Jarczok (wie Anm. 8), S. 11.

[13] Glöckle, Hanns: *München, Bier, Oktoberfest. Acht Jahrhunderte Bier- und Stadtgeschichte.* Dachau 1985, S. 18.

entsprach. 1796 wurde für ein Liter Bier wiederum ein halber Kreuzer mehr verlangt. Die steigenden Bierpreise sind vor allem auf die erhöhten Ausgaben der Brauereien für die Zutaten der Bierherstellung, wie z.B. der Hopfen, zurückzuführen. Dies hatte zur Folge, dass der ehemalige Haustrunk zu einem „Luxusgetränk" wurde, welches man sich meistens nur noch an Feiertagen und Festen leisten konnte.[14] [15]

2.4 Fortschritt durch die industrielle Revolution im 19. Jahrhundert

Mit der Erfindung der ersten elektrischen Kühlanlagen im Jahr 1870 durch Carl v. Linde (1842-1934) wurde es erstmals möglich, ganzjährig - auch während der warmen Sommerzeit - untergärige Biere[16] herzustellen. Diese waren wesentlich länger haltbar, wodurch die Bierindustrie die Möglichkeit hatte, Bier über größere Zeiträume zu lagern, was bis zu dieser Zeit nur mit aufwändiger Anschaffung von Eisblöcken möglich war. Des Weiteren wurde es nun den Brauereien aufgrund der Erfindung der neuen Verkehrsmittel wie Eisenbahnen und Dampfschiffen ermöglicht, Biere schneller und großräumiger auszuliefern. Dadurch wurde vor allem die Markenvielfalt in den einzelnen Orten deutlich erhöht.[17]

3 Zutaten beim Bierbrauen

Die im Originaltext schwer lesbare Bayerische Landesordnung von 1516 lautet in einem verständlichen Deutsch: „[…] Ganz besonders wollen wir, dass forthin allenthalben in unseren Städten, Märkten und auf dem Lande zu keinem Bier mehr Stücke als allein Gersten, Hopfen und Wasser verwendet und gebraucht werden sollen. […]". Nach dieser Verordnung mit dem Titel *„Wie das Bier im Sommer und Winter auf dem Land ausgeschenkt und gebraut werden soll"*, welche seither unter dem Namen *„Reinheitsgebot"* bekannt ist, wird bis heute in Bayern gebraut. Demzufolge darf auch heutzutage ein Bier in Bayern nur aus Hopfen, Malz, Hefe und Wasser bestehen. Im folgenden Abschnitt werden diese vier Hauptzutaten genauer beschrieben und ihre Bedeutung im Brauprozess überprüft.

---

[14] Vgl. Glöckle (wie Anm. 13), S. 18f.

[15] Vgl. Breibeck (wie Anm. 3), S. 104ff.

[16] siehe *3.3.1 Unterscheidung in ober- und untergärige Hefe*

[17] Vgl. Walzl, Manfred/ Hlatky, Michael: *Jungbrunnen Bier.* Wien 2004, S. 128ff.

3.1 Hopfen

Rund 99% der gesamten Hopfenernte werden zum Bierbrauen verbraucht, da für 100 Liter Bier im Durchschnitt circa 100 Gramm Hopfen verwendet werden. Seit dem Mittelalter ist Hopfen ein essentieller Bestandteil des Bieres, denn einerseits verleihen seine ätherischen Öle dem Bier das typische Aroma, andererseits sorgt er aber auch für eine gute Schaumbildung und eine längere Haltbarkeit.[18]

3.1.1 Beschreibung

Der Hopfen (humulus lupulus) ist eine zweihäusige, schnellwachsende Kletterpflanze der Familie der Hanfgewächse (Cannabinaceae). Er windet sich mithilfe ihrer zahlreichen kleinen Klimmhaken im Uhrzeigersinn und besitzt gegenständige, gestielte Laubblätter, welche oft drei- bis fünflappig gespalten sind. Die einzelnen Lappen der Laubblätter haben im Gegensatz zu den Lappen der Nebenblätter gezahnte Ränder.[19]

Für den Brauprozess sind nur die weiblichen Pflanzen von Bedeutung, da diese in der Blühphase „die mit großen Schuppen besetzten Fruchtstände"[20] entwickeln, sogenannte Dolden (Abb. 3).

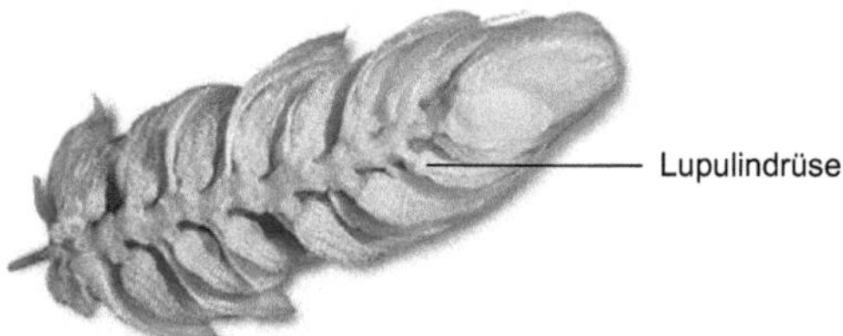

Abb. 3: Querschnitt eines Hopfendoldens

3.1.2 Anbau, Ernte und Verwendung im Brauprozess

Aufgrund der besonderen Anforderungen an Boden und Klima kann Hopfen nur in bestimmten Hopfenanbaugebieten, sogenannten Hopfengärten (Abb. 4), angebaut werden. Dabei wächst die Schlingpflanze an Gerüstanlagen aus Drähten bis zu einer Höhe von

---

[18] Informationen des Verbandes Deutscher Hopfenpflanzer.

[19] Vgl. Gutjahr, Axel: *Feldfrüchte. Ein Führer durch die heimischen Ackerpflanzen.* Brunsbek 2009. S. 67f.

[20] Ebd., S. 67.

sechs bis acht Metern. Das weltweit größte zusammenhängende Hopfenanbaugebiet ist die „Hallertau" in Bayern mit einer Gesamtfläche von circa 2.400 km².

Im Herbst werden dann die unbefruchteten, weiblichen Dolden mithilfe von Hopfenpflückmaschinen geerntet. Anschließend werden sie getrocknet und zu Extrakten verarbeitet, da bei der Lagerung sonst schnell Bittersäuren entstehen, die den Geschmack negativ beeinflussen würden.[21] Beim Kochen der Würze[22] werden die getrockneten Hopfendolden vorwiegend in Form von Pulver, Pellets oder Extrakt zugesetzt, da sich so der Hopfen in dem automatisierten Sudprozess besser verarbeiten lässt. Der wichtigste Bestandteil sind dabei die sedierend und antibakteriell wirkenden Lupulindrüsen (Abb. 3), in denen sich Aroma- und Bitterstoffe befinden.[23]

Abb. 4: Gerüstanlage eines Hopfengartens

3.2 Malz

Um das geerntete Getreide im Brauprozess verwenden zu können, muss es zuerst verarbeitet werden. Früher gehörte dieser Schritt zu den Aufgaben der Brauereien. Heutzutage wird das Getreide hingegen in speziellen Malzfabriken, den Mälzereien, aufbereitet. Dabei wird es nach einer gründlichen Reinigung in Wasser eingeweicht und somit zum Keimen gebracht, damit sich im Korn Enzyme (Amylase) bilden, welche für die Stärkeaufspaltung notwendig sind. Dieser meist fünf Tage andauernder Keimvorgang (Abb. 5) wird durch die Erhitzung des Grünmalzes, dem Darren, beendet. Hierbei erhält

---

[21] Kaden, Marion: *Hopfen - mehr als nur Bierwürze*. in: http://www.heilpflanzen-welt.de/2006-11-Hopfen-mehr-als-nur-Bierwuerze/, aufgerufen am 25.10.2014.

[22] siehe Abschnitt 4.3: *Kochen der Würze*.

[23] Interview mit Brauneis Max, ehemaliger Bierbraumeister

Abb. 5: Getreidekörner mit Wurzelkeimen

das Malz durch den Entzug der Feuchtigkeit seine gewünschten Farb- und Aromastoffe. Malz für helles Bier wird beispielweise bei circa 80 Grad gedarrt, wohingegen Malz für dunkleres Bier bei etwa 100 Grad getrocknet wird. Das fertige Malz wird von seinen Wurzelkeimen befreit und erneut gereinigt, bevor es zu den Brauereien geliefert wird.[24]

3.2.1 Verwendung der gepressten Getreidearten beim Bierbrauen

In Deutschland wird vorwiegend Gerstenmalz beim Bierbrauen verarbeitet, da bei untergärigen Bieren die Zugabe von anderem Malz gesetzlich verboten ist. Gerste ist aber auch besonders geeignet, da die Keimung relativ leicht durchzuführen ist, die Spelzen der Gerste eine ideale Filterschicht beim Abläutern[25] darbieten und diese einen hohen Stärkegehalt aufweist. Grundsätzlich wird Gerste in Wintergerste (Aussaat Mitte September) und Sommergerste (Aussaat März/April) unterteilt. Für den Brauprozess sind allerdings nur zweizeilige Sommergersten von Bedeutung, da diese größere Körner mit wertvollen Inhaltsstoffen besitzen.

Bei obergärigen Bieren dürfen hingegen auch andere Getreidesorten verwertet werden. Die bekannteste Sorte neben der Gerste ist hierbei wohl das Weizenmalz zur Herstellung des Weißbieres. Roggen, Dinkel und Hafer werden eher selten verwendet. Mais hingegen ist in Südamerika der wichtigste Stärke- und Zuckerlieferant und wird deshalb dort auch zu Braumalz verarbeitet.[26]

---

[24] Vgl. Brew Brothers: *Malzherstellung.* in: http://www.brewbrothers.ch/index.php/malzherstellung, aufgerufen am 25.10.2014.

[25] siehe Abschnitt 4.2: *Abläutern*

[26] Vgl. Goldner, Johannes/ Bahnmüller, Wilfried: *Bayerisches Bier.* Freilassing 1983, S. 8.

3.2.2 Beschreibung der Süßgräser

Die im vorherigen Abschnitt genannten Getreidearten gehören alle zur Familie der Süßgräser (Poaceae) und werden nicht nur zum Bierbrauen verwendet, sondern sind auch
unsere wichtigsten Nahrungsmittellieferanten.

Grundsätzlich haben sie einen hohlen Stängel, den sogenannten Halm (Abb. 6), den
man in Knoten (Nodien) und die dazwischen liegenden Abschnitte (Internodien) gliedert.
Dabei entspringen die zweizeilig angeordneten Blätter immer einem Knoten.

Die Blütenstände (Ähre, Rispe oder Kolben) bestehen aus vielen Teilblütenständen, den
Ährchen, mit mehreren Einzelblüten. Diese Ährchen werden von zwei Hüllspelzen um-
schlossen. Oberhalb davon werden die Blüten jeweils von einer Vor- und einer Deck-
spelze, welche häufig begrannt ist, umgeben.[27]

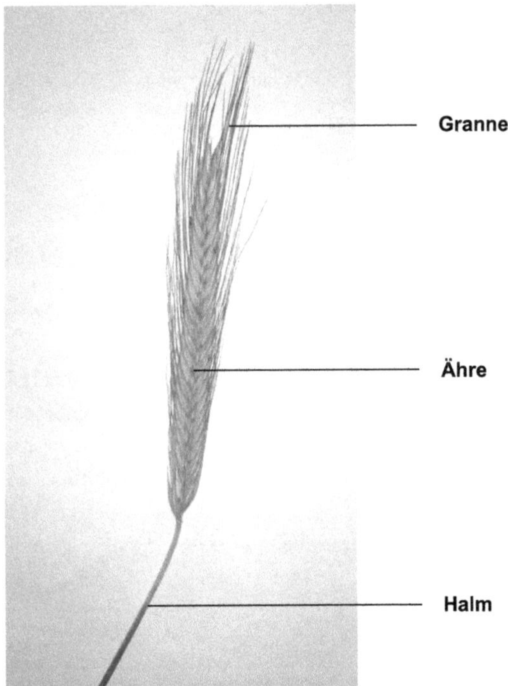

Abb. 6: Aufbau der Süßgräser am Beispiel Roggen

---

[27] Vgl. Lüder, Rita: *Grundkurs Pflanzenbestimmung, Eine Praxisanleitung für Anfänger und Fortgeschrittene.* Wiebelsheim 2011, 5. Auflage, S. 238ff.

3.3 (Bier-)Hefe

Der Alkohol kommt allerdings erst mit der Hefe ins Bier. Die in Reinkulturen gezüchteten Bierhefen (Abb. 7) - Hefepilze der Gattung Saccharomyces - lösen die alkoholische Gärung aus, indem sie Malzzucker (Maltose und Dextrin) in Alkohol und Kohlensäure umwandeln.[28][29]

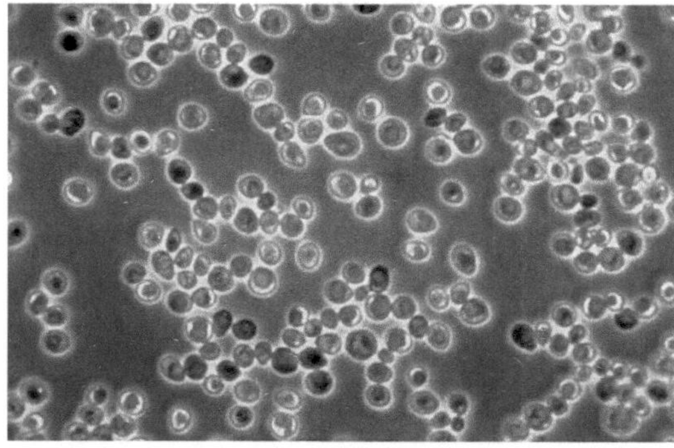

Abb. 7: Bierhefe (Saccharomyces cerevisiae) unter dem Mikroskop

Hefen sind einzellige Mikroorganismen, die in zwei Gruppen eingeteilt werden können: Asporogene, welche keine Sporen bilden können und im Gegensatz dazu Sporogene, die beim Bierbrauen verwendet werden.[30]

Fremde Hefen, die in der Luft vorkommen, bezeichnet man als "wilde Hefen". Diese bewirken durch unsachgemäßes Arbeiten und mangelnde Sauberkeit beim Brauprozess „Trübungen und Geschmacksveränderungen"[31] im Bier. Tatsächlich ist dieses Verfahren der Reinzucht aber erst durch Botaniker Emil Christian Hansen (1842-1909) ermöglicht worden, dem es in Folge der Entdeckung der Bierhefe durch den französischen Mikrobiologen Louis Pasteur (1822-1895) gelang, „einzelne Hefezellen zu isolieren und so erstmalig eine Reinkulturhefe zu vermehren"[32].[33]

Erst dadurch bot sich die Möglichkeit, beim Brauprozess gezielt Hefe für eine kontrollierte Gärung zu verwenden.

---

[28] Vgl. Walzl, Manfred/ Hlatky, Michael: *Jungbrunnen Bier.* Wien 2004, S. 83f.

[29] Vgl. Dietrich, Oliver: *Bierbrauen leicht gemacht.* Augsburg 1999, S. 38f.

[30] Vgl. Narziß, Ludwig: *Abriß der Bierbrauerei.* 4. Auflage. Stuttgart 1980, S. 199.

[31] Ebd., S. 199.

[32] Dietrich (wie Anm. 29), S. 40.

[33] Vgl. Schwarz/ Schweppe (wie Anm. 2), S. 28.

3.3.1 Unterscheidung in ober- und untergärige Hefe

Bei der Bierherstellung werden zwei verschiedene Hefesorten verwendet. Sowohl obergärige Hefen (Saccharomyces cerevisiae) als auch untergärige Hefen (Saccharomyces carlsbergensis) gehören der Gattung Saccharomyces an.

Bei der Vermehrung von obergäriger Hefe, der Stammform der Bierhefe, bildet diese Sprossverbände, an denen sich die entstehende Kohlensäure („Gärblasen"[34]) anlagert. Dadurch steigen sie während der intesiven Gärung, die bei einer Temperatur von 15 bis 20 °C stattfindet, an die Oberfläche des Jungbieres (Abb. 8) und setzen sich dort als Schaum ab. Diese Schaumkrone (sog. „Kräusen") wird nach dem Gärprozess, der zwei bis drei Tage dauert, abgeschöpft und beim nächsten Gärvorgang wiederverwendet.

Abb. 8: Kräusen der obergärigen Hefe während der Gärung

Im Gegensatz dazu setzen sich untergärige Hefen am Boden des Gärbottichs ab, da sie keine Sproßverbände bilden und somit die Gärblasen ohne Hefe nach oben steigen. Diese Hefen werden bei einer geringeren Temperatur aktiv, weshalb die „Untergärung" zwischen 5 und 10 °C verläuft. Die „Gärzeit" beträgt hierbei allerdings 7-8 Tage, was dem Bier seine längere Haltbarkeit verleiht. [35] [36] [37]

---

[34] Kling (wie Anm. 5), S. 55.

[35] Vgl. Jackson, Michael: *Biere der Welt.* London 2007, S. 35.

[36] Vgl. Narziß (wie Anm. 30), S. 199.

[37] Vgl. Hlatky, Michael/ Reil, Franz: *Bierbrauen für jedermann.* 2. Auflage. Stuttgart 1995, S. 23f.

3.3.2 Inhaltsstoffe der Bierhefe

Bierhefe enthält sehr viele essentielle Aminosäuren, die Bestandteile von Proteinen sind, weshalb die überschüssige Hefe der Biererzeugung „als hochwertiges Beifutter in der Rindermast eingesetzt wird"[38]. Darüber hinaus sind ebenfalls die Mineralstoffe Kalium, Phosphor, Magnesium und Spurenelemente wie Zink, Eisen, Kupfer uns Cobalt enthalten.[39]

3.4 Brauwasser

Der mengenmäßig wichtigste Rohstoff bei der Bierherstellung ist das Brauwasser, denn „das fertige Bier besteht zu über 90 Prozent aus Wasser"[40]. Somit entspricht die Qualität des Brauwassers häufig der späteren Qualität des fertigen Bieres, weshalb einige Brauereien meist über eigene Brunnen verfügen. Laut dem Biersteuergesetz darf alles in der Natur vorkommende Trinkwasser als Brauwasser verwendet werden, allerdings muss das Wasser vor der Verwendung meist anhand von technischen und chemischen Methoden aufbereitet werden. Dazu wird mit speziellen Methoden der Kalk zur Ausfällung gebracht.[41] [42]

4 Brauprozess

Im folgenden Abschnitt wird genauer erklärt, wie die oben genannten Zutaten während des Brauvorgangs in Verbindung gebracht werden, damit das fertige Bier entsteht. Dieser Prozess lässt sich in sechs wichtige Hauptphasen (Abb. 9) unterteilen: Das Schroten, das Maischen, das Abläutern, das Würzekochen, die Vergärung, die Lagerung und zuletzt das Abfüllen.

---

[38] Walzl/ Hlatky: *Jungbrunnen Bier.* S. 86.

[39] Gräber, René: *Bierhefe: Wirkung, Anwendung, Studien.* in: http://www.gesund-heilfasten.de/nahrungsergaenzung/bierhefetabletten-bierhefe.html, zuletzt geändert am 02.08.2012, aufgerufen am 10.09.2014.

[40] Dietrich (wie Anm. 29), S. 20.

[41] Vgl. Deutscher Brauer-Bund e.V.: *Vom Halm zum Gras. Unser deutsches Bier.* S. 18.

[42] Vgl. Hlatky/ Reil: *Bierbrauen für jedermann.* S. 16f.

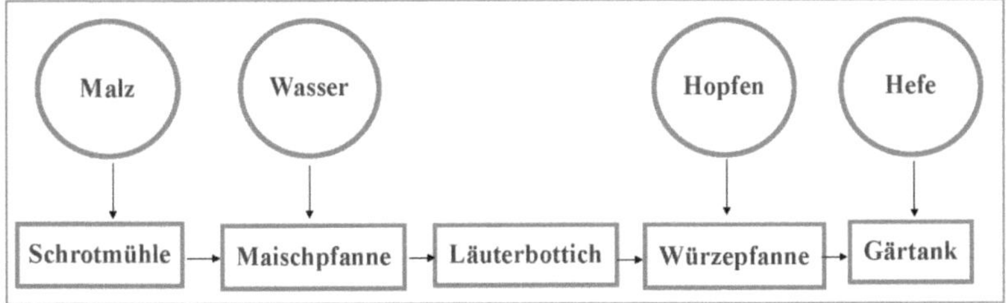

Abb. 9: Schema des Brauprozesses vom Schroten bis zur Vergärung

4.1 Schroten und Maischen

Der erste Schritt des Bierbrauen findet im Sudhaus einer Brauerei (bestehend aus Schrotmühle, Maischbottich, Maischpfanne, Läuterbottich, Sudpfanne und Whirlpool)[43] statt. Hierbei wird das Malz zuerst mithilfe einer Schrotmühle (Abb. 10) zerkleinert, damit später die Inhaltsstoffe besser gelöst werden können. Anschließend wird es im Maischbottich mit dem Brauwasser unter stetigem Rühren zu einem Brei vermengt, wodurch sich die Stärke aus dem Malz auflöst. Bei der darauf folgenden Erhitzung der Maische in der Maischpfanne (Abb. 11) auf mehr als 70 °C wandeln die malzeigenen Enzyme die Stärke (Amylose und Amylopektin) des Malzes in Zucker (Maltose und Dextrin) um. Diese Umwandlung von Stärke in Malzzucker wird anhand einer „Jodprobe" kontrolliert, welche solange wiederholt wird, bis eine vollständige Verzuckerung vorliegt.[44]

Abb. 10: Schrotmühle

Abb. 11: Maische in der Maischpfanne

---

[43] Interview mit Mitarbeiter der Ustersbacher Brauerei.

[44] Vgl. Walzl/ Hlatky: *Jungbrunnen Bier.* S. 122f.

4.2 Abläutern

Unter „Abläutern" versteht man „das Trennen der Dickmaische in ihre flüssigen (Würze) und festen (Treber) Bestandteile"[45]. Die Maische wird dabei im Läuterbottich (Abb. 12) filtriert, damit der Treber als Abfallprodukt der Bierproduktion abgetrennt wird. Über dem Siebboden des Läuterbottichs bilden die festen Bestandteilen der Maische, die sich am Boden abgesetzt haben, einen natürlichen Filter. Damit sich übrige Extrakte noch lösen, wird dieser natürliche Filter anhand von zusätzlichem Wasser, sogenannten Nachgüssen, ausgelaugt, was eine Verdünnung der stark konzentrierten Würze zur Folge hat. Die Anzahl der Nachgüsse bestimmt deshalb auch den späteren Alkohol- und Stammwürzegehalt (Extraktgehalt von unvergorener Würze) des Bieres. Der übrig gebliebene Treber (Abb. 13) ist ein sehr eiweißreiches Produkt und wird deshalb meist als Futtermittel für Tiere weiterverwendet.[46]

Abb. 12: Läuterbottich

Abb. 13: Treber als Abfallprodukt der Bierindustrie

4.3 Kochen der Würze

In der Würzepfanne (bzw. Sudpfanne) wird die Würze unter Zugabe von Hopfen gekocht, wodurch einerseits die nun unwichtigen Enzyme „denaturiert" und Keime abgetötet werden und andererseits durch das Verdampfen des Wassers der gewünschte

---

[45] Dietrich (wie Anm. 29), S. 62.

[46] Vgl. Hlatky/ Reil: *Bierbrauen für jedermann*. S. 47ff.

Stammwürzegehalt erzielt wird. Die Zugabemenge des Hopfens richtet sich nach dem Biertyp und variiert zwischen 150 (bei Vollbieren) und 450 (bei Pilsbieren) Gramm Doldenhopfen pro Hektoliter. Diese Beigabe von Hopfen verleiht der Würze nicht nur einen bitteren Geschmack und ein bestimmtes Aroma, sondern bewirkt auch eine „Koagulation und damit die Entfernung unerwünschter Proteine (Eiweißstoffe) und [...] eine längere Haltbarkeit"[47]. Des Weiteren hat der Hopfen eine schaumverbessernde Eigenschaft. Aufgrund der hochflüchtigen ätherischen Öle, muss ein Teil des Hopfens erst gegen Ende hinzugefügt werden, damit die Aromastoffe, welche durch das Kochen gelöst werden, weitgehend erhalten bleiben.[48] [49]

4.4 Vergärung

Nachdem die Stammwürze geklärt - also vom Bruch (Hopfentreber und koagulierte Eiweiß-Gerbstoffverbindungen) gereinigt - wurde, wird im folgenden Schritt der Zucker in Alkohol und Kohlensäure umgewandelt. Da die Hefepilze den Zucker nur bei relativ niedrigen Temperaturen vergären können, wird die Würze auf 10 °C abgekühlt. Je nach Art des eingesetzten Hefestamms sammeln sich die Hefen an der Oberfläche der Gärbottiche (obergäriges Bier) oder sinken zu Boden (untergäriges Bier).[50] Die alkoholische Gärung unterteilt sich in eine Haupt- und eine Nachgärung. Auf die Hauptgärung im Gärbehälter folgt eine Nachgärung im Lagerbehälter. Zu Beginn nimmt die Hefe einfache Zucker wie Glucose und Fructose auf, um nicht nur die Umwandlung in Alkohol zu gewährleisten, sondern auch um Energie für die Produktion von zelleigenen Nucleinsäuren (Vermehrung) zu gewinnen. Aufgrund der dabei entstehenden Wärme, muss der Gärprozess einer ständigen Kühlung unterliegen. Anschließend werden auch „höhere Zucker [...] durch Enzyme gespalten und teilweise [...] in die Hefezelle transportiert"[51]. Nach der Gärung, wird die Hefe „geerntet". Einerseits geschieht dies durch Abschöpfen der obergärigen Hefe, andererseits wird untergärige Hefe erst entnommen, wenn sich das Bier nicht mehr im Gärbehälter befindet.[52]

---

[47] Dietrich (wie Anm. 29), S. 67.

[48] Vgl. Hlatky/ Reil: *Bierbrauen für jedermann.* S. 51.

[49] Vgl. Narziß (wie Anm. 30), S. 166ff.

[50] siehe Abschnitt 3.3.1: *Unterscheidung in ober- und untergärige Hefe.*

[51] Dietrich (wie Anm. 29), S. 78.

[52] Vgl. Kling (wie Anm. 5), S. 55f.

4.5 Lagerung

Die Nachgärung nimmt ca. sechs bis zehn Wochen in Anspruch. Sie erfolgt in geschlossenen Lagertanks bei Temperaturen nahe dem Gefrierpunkt und bewirkt das Ausreifen des Jungbieres und damit sowohl das entsprechende Aroma, als auch eine Anreicherung mit natürlicher Kohlensäure. Die Tanks stehen in der Regel unter Druck, damit das entstehende Kohlendioxid nicht entweichen kann, sondern als Kohlensäure im Bier gebunden wird.[53]

Abb. 14: Nachgärung in Lagertanks

4.6 Abfüllung

Wenn das Jungbier den gewünschten Vergärungsgrad erreicht hat, findet der letzte Arbeitsschritt der Brauerei statt - das Abfüllen. Nachdem das Bier erneut filtriert wurde, wird es in gründlich gereinigte Gefäße abgefüllt. Neben Flaschen und Dosen in verschiedenen Varianten werden hierbei auch „Fässer in unterschiedlichen Ausführungen und Größen"[54] verwendet. Flaschen werden meist in Bierkästen à 20 Stück einsortiert und in großen Lagerhallen (Abb. 15) auf Paletten abgestellt.[55]

---

[53] Vgl. Deutscher Brauer-Bund e.V. (wie Anm. 41), S. 19.

[54] Hlatky/ Reil: *Bierbrauen für jedermann.* S. 59.

[55] Vgl. Dietrich (wie Anm. 29), S. 85ff.

Abb. 15: Lagerhalle für Bierkästen

5 Resümee

Diese Seminararbeit befasste sich mit der Verwendung heimischer Pflanzen beim Brauprozess und beschrieb diese im Hinblick auf Vorkommen und Anbau. Ebenfalls wurde herausgehoben, dass die Bierherstellung ein komplizierter Prozess ist, bei welchem allerdings die Verwendung der Zutaten gesetzlich geregelt ist. Demzufolge darf bei untergärigem Bier nur Gerstenmalz verarbeitet werden, bei der Herstellung eines obergärigen Bieres dürfen hingegen auch andere Malzsorten verarbeitet werden. Deshalb gibt es trotz der strengen Regelungen in Deutschland eine Vielfalt an verschiedenen Biersorten. Labortests und kritische Bierproben sollen letztendlich das fertige Bier perfektionieren und nicht nur Aussagen über die Verwendung der richtigen Sorte und Menge des Malzes machen, sondern auch für die Verbesserung einzelner Teilschritte im Brauprozess sorgen. Dadurch entsteht das individuelle Bier jeder Bierbrauerei, welches anschließend an Supermarktketten zum Weiterverkauf ausgeliefert wird. Allerdings sollte man Bier aufgrund des enthaltenen Alkohols und der damit verbundenen gesundheitlichen Risiken nur in geringen Mengen konsumieren.

Literaturverzeichnis

Literatur

* Breibeck, Otto Ernst: *Das fünfte Element der Bayern. Eine unterhaltsame Bierhistorie.* Regensburg 1978, 1. Auflage. Verlag Friedrich Pustet. ISBN 3-7917-0539-3
* Deutscher Brauer-Bund e.V.: *Vom Halm zum Gras. unser deutsches Bier.* Bonn-Bad Godesberg. Scholz-Druck, Dortmund.
* Dietrich, Oliver: *Bierbrauen leicht gemacht.* Augsburg 1999. Seehamer Verlag GmbH. ISBN 3-932131-85-1
* Glöckle, Hanns: *München, Bier, Oktoberfest. Acht Jahrhunderte Bier- und Stadtgeschichte.* Dachau 1985. Verlangsanstalt Bayerland. ISBN 3-922394-57-4
* Goldner, Johannes/ Bahnmüller, Wilfried: Bayerisches Bier. Freilassing 1983. Pannonia-Verlag. ISBN 3-7897-0111-4
* Gutjahr, Axel: *Feldfrüchte. Ein Führer durch die heimischen Ackerpflanzen.* Brunsbek 2009. Cadmus Verlag. ISBN 978-3-86127-673-9
* Hlatky, Michael/ Reil, Franz: *Bierbrauen für jedermann.* Stuttgart 1995, 2. ergänzte Auflage. Leopold Stocker Verlag. ISBN 3-7020-0711-3
* Jackson, Michael: *Eyewitness Companions Beer.* London 2007. Dorling Kindersley. Übersetzung von Wehrmeyer, Cordula: *Biere der Welt.* München 2008. ISBN 978-3-8310-1301-2
* Jarczok, Reinhard: *Klassische Biere. Der kleine Bierführer.* Renningen 2010. Garant Verlag GmbH. ISBN 978-3-86766-368-7
* Kling, Klaus: *Bier selbst gebraut.* Göttingen 2002. Verlag Die Werkstatt. ISBN 3-89533-370-0
* Lüder, Rita: *Grundkurs Pflanzenbestimmung, Eine Praxisanleitung für Anfänger und Fortgeschrittene.* Wiebelsheim 2011, 5. Auflage. Quelle & Meyer Verlag. ISBN 978-3-494-01497-5
* Narziß, Ludwig: *Abriß der Bierbrauerei.* Stuttgart 1980, 4. Auflage. Ferdinand Enke Verlag. ISBN 3-432-84134-5
* Schwarz, Aljoscha/ Schweppe, Ronald: *Die Bier-Apotheke.* Köln 1998. vgs. ISBN 3-8025-1365-7
* Walzl, Manfred/ Hlatky, Michael: *Jungbrunnen Bier.* Wien 2004, 1. Auflage. Verlagshaus der Ärzte GmbH. ISBN 3-901488-42-1

Internetquellen

* Gräber, René: *Bierhefe: Wirkung, Anwendung, Studien.* in: http://www.gesund-heil-fasten.de/nahrungsergaenzung/bierhefetabletten-bierhefe.html, zuletzt geändert am 02.08.2012, aufgerufen am 10.09.2014.
* Kaden, Marion: *Hopfen - mehr als nur Bierwürze.* in: http://www.heilpflanzen-welt.de/2006-11-Hopfen-mehr-als-nur-Bierwuerze/, aufgerufen am 25.10.2014.
* Brew Brothers: *Malzherstellung.* in: http://www.brewbrothers.ch/index.php/malzherstellung, aufgerufen am 25.10.2014.

Personen

* Brauneis, Max: ehemaliger Bierbraumeister der Ustersbacher Brauerei
* Mitarbeiter der Ustersbacher Brauerei
* Verband Deutscher Hopfenpflanzer e.V.

Abbildungsverzeichnis

Titelblatt, S. 1: http://de.gde-fon.com/download/Kelch_Becher_Bier_Schaum_Tabelle_Ohren/401910/5100x3636

Abb. 1, S. 4: Tonscherbe mit Gravur: Sumerer beim Biertrinken mit Strohhalmen
http://www.bier-lexikon.lauftext.de/babylonier.htm

Abb. 2, S. 5: Älteste Darstellung eines Bierbrauers
http://koelner-brauerei-verband.de/historie/historie/klosterbrauer-in-koeln.html

Abb. 3, S. 8: Querschnitt eines Hopfendoldens
http://nzhops.co.nz/varieties/index.html

Abb. 4, S, 8: Gerüstanlage eines Hopfengartens
http://www.outdooractive.com/de/wanderung/bodensee-oberschwaben/von-neukirch-nach-meckenbeuren/1496348/

Abb. 5, S. 9: Getreidekörner mit Wurzelkeimen
http://www.storchen-braeu.de/de/bierwissen/rohstoffe2.html

Abb. 6, S. 10: Aufbau der Süßgräser am Beispiel Roggen
Eigenaufnahme am 29.10.2014

Abb. 7, S. 11: Bierhefe (Saccharomyces cerevisiae) unter dem Mikroskop
http://www.brauer-bund.de/index.php?id=123

Abb. 8, S. 12: Kräusen der obergärigen Hefe während der Gärung
http://www.bier.ch/deu/bier-brauen-herstellung.html

Abb. 9, S, 14: Schema des Brauprozesses vom Schroten bis zur Vergärung
Eigenerstellung der Skizze

Abb. 10, S. 14: Schrotmühle
Eigenaufnahme am 19.09.2014 in der Ustersbacher Brauerei

Abb. 11, S. 14: Maische in der Maischpfanne
Eigenaufnahme am 19.09.2014 in der Ustersbacher Brauerei

Abb. 12, S. 15: Läuterbottich
Eigenaufnahme am 19.09.2014 in der Ustersbacher Brauerei

Abb. 13, S. 15: Treber als Abfallprodukt der Bierindustrie
Eigenaufnahme am 19.09.2014 in der Ustersbacher Brauerei

Abb. 14, S. 17: Nachgärung in Lagertanks
Eigenaufnahme am 19.09.2014 in der Ustersbacher Brauerei

Abb. 15, S. 18: Lagerhalle für Bierkästen
Eigenaufnahme am 19.09.2014 in der Ustersbacher Brauerei